Problemas matemáticos
de hermanos

Sumas de dos cifras

Julia tenía ayer 40 suscriptores en su canal de YouTube. Hoy ha recibido 12 nuevos suscriptores. ¿Cuántos tendrá ahora con los nuevos suscriptores?

Datos:

Solución:

2 Manuel le ha pedido a mamá que le deje jugar 15 minutos más con la Playstations. ¿Cuánto tiempo va a jugar si lleva ya jugando 42 minutos?

<u>Datos:</u>

<u>Solución:</u>

Manuel se ha comido 12 croquetas de jamón y Julia 10. ¿Cuántas croquetas ha tenido que hacer mamá para comer?

Datos:

Solución:

4 Julia jugó en el partido de balonmano 12 minutos en un cuarto y 15 minutos en otro. ¿Cuántos minutos ha jugado en total en el partido?

Datos:

Solución:

EDITORIAL WANCEULEN

5 Julia se había leído hasta ayer 55 páginas de su nuevo libro de "The Crazy Haacks". Hoy se ha leído 23 páginas. ¿Cuántas páginas se ha leído Julia?

Datos:

Solución:

EDITORIAL WANCEULEN

Manuel estaba en el nivel 25 de Fortnite y en el fin de semana ha subido 14 niveles. ¿En qué nivel de Fortnite se encuentra ahora Manuel?

Datos:

Solución:

Julia quiere subir un video a Tik Tok con una transición. Una parte dura 26 segundos y otra dura 31. ¿Cuánto durará el nuevo video?

Datos:

Solución:

8 Hoy es día 12 y Manuel quiere invitar a su amigo alejandro dentro de 15 días a jugar en la piscina. ¿Qué día irá Alejandro a jugar en la piscina con Manuel?

<u>Datos:</u>

<u>Solución:</u>

EDITORIAL WANCEULEN

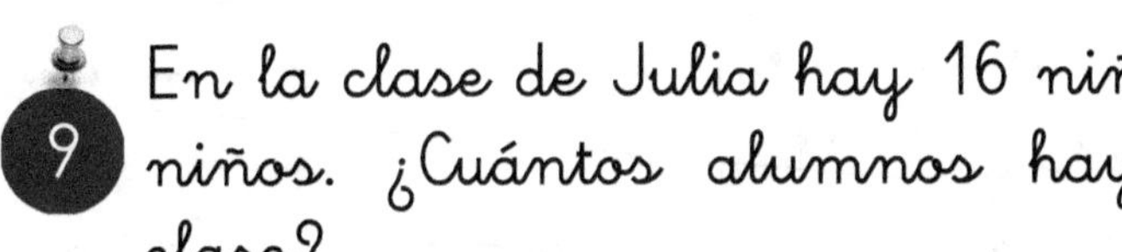

En la clase de Julia hay 16 niñas y 12 niños. ¿Cuántos alumnos hay en su clase?

Datos:

Solución:

Manuel y Julia han ido a comprar chucherías. Manuel se ha gastado 55 céntimos y Julia 40 céntimos. ¿Cuánto se han gastado entre los dos?

Datos:

Solución:

Manuel tiene 25 puntos en el "frutómetro" de su clase y Alejandro 24 puntos. ¿Cuántos puntos tienen entre los dos?

Datos:

Solución:

Julia ha vendido 43 papeletas para ayudar a su amiga María a recaudar dinero para su excursión de fin de curso. María ha vendido 56 papeletas. ¿Cuántos papeletas han vendido entre los dos?

Datos:

Solución:

13 Hoy es día 14 abril y Manuel quiere llenar la piscina para poder bañarse en ella. Papá le ha ducho que tiene que esperar 12 días. ¿Qué día podrá llenar la piscina?

Datos:

Solución:

14 Julia tenía 33€ ahorrados y su tío Manuel le ha dado 15€ por el día de su santo. ¿Cuánto dinero tendrá ahorrado ahora?

<u>Datos</u>:

<u>Solución</u>:

15 Julia tiene ahorrados 48€ y Manuel tiene 51€ para ir a la Feria. ¿Cuánto dinero tendrán ahorrado entre los dos para montarse en los cacharritos de la Feria?

<u>Datos:</u>

<u>Solución:</u>

Julia ha jugado esta temporada 20 partidos con su equipo de balonmano. El año pasado jugó 16 partidos. ¿Cuántos partidos ha jugado estos dos años?

Datos:

Solución:

Papá ha comprado caracoles para invitar a Manuel y Julia. Manuel se ha comido 34 caracoles y Julia se ha comido 45 caracoles. ¿Cuántos caracoles se han comido entre los dos?

Datos:

Solución:

18 Manuel ha tardado 22 minutos en hacer los problemas de matemáticas y 24 minutos en leerse un texto y resumirlo. ¿Cuántos tiempo ha tardado en hacer los deberes?

<u>Datos:</u>

<u>Solución:</u>

Manuel ha cargado su pistola Nerf con 15 balas de gomaespuma y tiene 23 más para molestar a Julia. ¿Cuántas balas tiene para molestar a Julia?

Datos:

Solución:

Mamá ha puesto a funcionar la Conga y tarda 32 minutos en limpiar la planta baja y 36 minutos en limpiar la de arriba. ¿Cuánto tardará en limpiar la casa entera para que Julia y Manuel puedan jugar al escondite?

Datos:

Solución:

Julia lleva 45 días de clase de mecanografía y le quedan 24 días más de clase. ¿Cuántos días dura el curso de mecanografía?

21

Datos:

Solución:

Julia quiere comprar en Amazon una camiseta que vale 12€ y unos rotuladores para hacer lettering que valen 26€. ¿Cuánto dinero necesita para hacer el pedido?

Datos:

Solución:

23 Manuel quiere comprar la nueva equipación de Colo Colo. La camiseta vale 36€ y las calzonas valen 22€. ¿Cuánto dinero tiene que sacar de la hucha para poder comprar la equipación completa?

Datos:

Solución:

24 Julia y Manuel están jugado a "Piedra, papel o tijeras". Julia ha ganado 15 veces y Manuel 14 veces. ¿Cuántas partidas han jugado en total?

Datos:

Solución:

25 Mamá fue a comprar churros el domingo y trajo una bolsa. Papá se comió 12, mamá 11, Manuel 10 y Julia 6. ¿Cuántos churros se comieron entre todos?

Datos:

Solución: